AF613514

DE LA CULTURE DU COLZA, DE SES AVANTAGES, ET DE SA FACILITÉ

DANS

LE DÉPARTEMENT D'ILLE ET VILAINE,

PARTICULIÈREMENT

DANS L'ARRONDISSEMENT DE SAINT-MALO;

AVEC

UN APERÇU DE LA FABRICATION DES HUILES VÉGÉTALES;

LE TOUT RÉDIGÉ D'APRÈS DES EXPÉRIENCES FAITES ET RÉITÉRÉES

Par un Maire d'une Commune rurale,

MEMBRE DU CONSEIL D'ARRONDISSEMENT,

Auquel a été décerné, en septembre 1812, par la Société d'Encouragement pour l'Industrie nationale, le Prix de Premier Essai en grand de cette Culture dans le Département.

Se vend au profit des Pauvres :

A SAINT-MALO,

CHEZ L. VALAIS, Imprimeur du Roi, place de la Paroisse, nº 598;
et H. ROTTIER, Libraire, rue Vieille-Beurrerie.

1819.

DE LA CULTURE
DU COLZA,
DE SES AVANTAGES,
ET DE SA FACILITÉ

DANS

LE DÉPARTEMENT D'ILLE ET VILAINE.

AVANT-PROPOS.

Je ne suis point grand agriculteur, encore bien moins écrivain : la prétention à l'un ou à l'autre titre n'est pas le motif qui dirige aujourd'hui ma plume. Cette prétention serait trop peu fondée sous tous les rapports; mais j'ai le désir d'être utile à mon pays, et c'est ce véhicule, si puissant dans un cœur breton, qui me porte à soumettre avec confiance, à mes compatriotes, le fruit de mes expériences et de mes essais en industrie agricole; mon but serait rempli, si les notions que je vais donner sur la culture d'une plante qui peut offrir au département d'Ille et Vilaine, et particulièrement à l'arrondissement de Saint-Malo, une nouvelle source de prospérité, une nouvelle branche de commerce sans nuire et même en sus de ses anciens produits, étaient assez claires et assez précises pour engager nos agriculteurs les plus distingués à faire hardiment de plus grands essais, dont l'exemple avantageux ne tarderait pas à être généralement suivi, je n'en doute point.

Revenu dans mes foyers après la tourmente révolutionnaire, ayant habité assez long-temps la Flandre et l'Artois, pays de grande culture, je voulus mettre à profit quelques leçons trop chèrement payées de l'expérience du malheur : je consultai le sol et le site du lieu que je possède; j'eus le désir d'utiliser un cours d'eau assez considérable pour être propre aux plus grandes usines, et, parmi les différents genres d'industrie qui se présentèrent à moi, la fabrication des huiles végétales eut la préférence, parce qu'elle était plus en rapport avec mes moyens, qu'elle demandait peu de fonds dans son établissement, que je connaissais tout l'avantage de l'emploi des gâteaux ou résidus pour la nourriture des bestiaux, et que, sous ce rapport, à mes yeux, cette fabrication était une grande amélioration dans notre système de culture. J'établis donc un moulin, en 1809, au lieu que j'habite près Dol; je fabriquai des huiles de lin, puis successivement de chanvre et de navette des marais, communément nommée *taguite*, avec un assez grand succès : mes huiles, faites avec soin, furent bientôt avantageusement connues, recherchées dans le commerce, même avec priorité dans les prix. Il n'en fut pas ainsi d'abord des gâteaux ou résidus, dont on ignorait l'usage : je fus obligé de les employer pour l'indiquer, et de les céder à très-bon compte; mais bientôt, l'expérience ayant été en leur faveur, ils eurent une si grande recherche, que, bien que l'usine travaillât sans relâche jour et nuit, elle ne pouvait fournir aux demandes.

De l'établissement de cette usine, naissait

tout naturellement le désir d'essayer la culture de quelques-unes des plantes oléagineuses que j'avais vu cultiver en Flandre et en Artois avec tant de succès, et dont elles sont une des principales sources de richesse. J'essayai d'abord en petit, dans un coin de terre assez médiocre et peu engraissé (*), un semis de pavots blancs ou œillettes; mais soit que le terroir ne fût pas propre à cette plante, soit que ma graine ne fût pas bonne, ce dont je suis aujourd'hui persuadé, elle leva fort claire, et l'essai ne fut pas fructueux. Sans renoncer à le renouveler, je l'ajournai; toujours convaincu néanmoins qu'il serait avantageux de le tenter, et ne doutant pas de son succès dans les terres fortes, produisant naturellement le coquelicot et le bluet, comme les terres du marais de Dol, du clos Poulet en général, et autres de cette nature.

Cette culture serait très-bonne, parce que l'œillette produit beaucoup, que son huile étant au nombre des dessiccatifs fins, sa graine est toujours chère. Afin de donner lieu à quelques expériences en ce genre, dans les terres que je présume lui convenir davantage, je donnerai, à la suite de l'Aperçu sur le colza,

(*) J'ai toujours choisi, pour mes essais, un sol médiocre; afin que, s'ils réussissaient, j'eusse lieu d'attendre, à plus forte raison, dans un sol meilleur, de plus beaux résultats.

une idée de la culture de cette plante, qui a le grand avantage d'améliorer la terre par la perte de ses feuilles qui sont fort grasses, et de lui rendre, pour ainsi dire, autant de suc qu'elle en tire.

Mon second essai fut un semis de colza : j'avais été assez heureux pour me procurer d'excellente graine; il fut encore placé dans un sol médiocre, peu engraissé, fond d'argile, mais bien labouré, ce qui est essentiel. Il réussit fort bien; je le renouvelai plus en grand l'année suivante, il réussit encore; enfin je le cultivai sur autant de terre qu'il m'était possible de lui en consacrer sans nuire à mes autres cultures, et, en mars 1812, j'en avais environ deux hectares (ou quatre journaux), lorsque la Société d'Encouragement pour l'industrie nationale, ayant proposé un prix pour l'introduction de la culture d'une plante oléagineuse quelconque, dans un pays où elle n'était pas en usage, je me trouvai dans le cas d'obtenir ce prix, qui me fut effectivement décerné par elle dans sa séance du mois de septembre suivant.

Mon exemple commençait à produire effet autour de moi : quelques petits cultivateurs firent du colza, je leur en achetai les produits; et je ne doute pas que cette culture ne se fût rapidement étendue, si les années suivantes n'avaient été extraordinaires par le prix constamment élevé des grains, ce qui fit reporter toute la sollicitude du laboureur vers les céréales et les pommes de terre. J'ajouterai aussi que quelques raisons locales, et qui m'étaient particulières, m'ayant fait interrompre ma fabrication et cette culture à moi-même, cela ne put manquer d'amortir le premier élan que j'avais donné; mais il serait facile de le reproduire, parce qu'il a été suffisamment cultivé de colza pour que le profit de cette culture ait été apprécié.

Le mécanisme de mon usine reste : on en peut établir d'autres, et je me prêterai toujours volontiers à aider quiconque voudrait entreprendre la fabrication des huiles, soit par des renseignements particuliers et précis, soit en offrant des chutes d'eau et lieux propres à construire des moulins. Cette fabrication avantageuse est susceptible d'être établie en grand lorsque les lieux y sont propres, et elle ne demande en avances que de faibles déboursés.

De toutes parts l'industrie nationale se développe : l'agriculture sur-tout, cette véritable source de notre prospérité, s'améliore; et, dans notre arrondissement, elle a fait un grand pas par l'introduction de la culture du tabac. Cet arrondissement possède un si grand nombre de cultivateurs instruits, zélés, industrieux, la mer lui offre une telle facilité d'exporter ses denrées, que je ne puis douter que si la culture du colza était établie, elle ne se répandît bientôt avec rapidité, parce qu'elle est moins coûteuse que celle du tabac, outre cela exempte d'entraves et plus à la portée de tous les cultivateurs de nos campagnes, que d'ailleurs toutes nos terres y sont plus ou moins propres, comme je l'ai éprouvé. Elle ne tarderait pas à y amener un genre de fabrication et d'exportation presqu'inconnu jusqu'ici, et qui, à la longue, pourrait dévenir fort considérable et moins concentré nécessairement que la culture du tabac; elle viendrait s'y joindre dans quelques cantons, et porterait l'aisance sur tous les points. Son introduction étant donc, suivant moi, un véritable service à rendre à notre pays, je n'ai pu, au double titre de concitoyen et d'administrateur, me refuser au désir d'y contribuer de tout mon pouvoir; et c'est ce qui m'a porté à rédiger, le plus succintement possible, le détail des résultats de mes expériences diverses, et de les donner au public afin de mettre le cultivateur le moins instruit et le plus timide à lieu de les juger. L'envie de faire le bien est mon seul mobile, et je crois ne pouvoir mieux terminer cet Avant-Propos que par ce vers si connu :

On le peut, je l'essaie; un plus heureux le fasse.

DE LA CULTURE
DU COLZA.

Le chou colza ou colzat (*brassica arvensis*) que l'on cultive, en quelques lieux, comme fourrage d'hiver propre aux bêtes à cornes (nous le verrons plus loin), et en Angleterre, en Hollande, en Allemagne, particulièrement en Flandre, comme plante oléagineuse, ressemble assez, tant par la couleur de sa feuille que de sa fleur, au chou vert-jaune commun que nous cultivons en Bretagne ; il en diffère toutefois essentiellement, d'abord en ce que la feuille reste toujours plus petite, et que, tendant constamment à monter en graine, il ne s'élève qu'à quelques pouces de terre avant de pousser des rameaux ; tandis que le chou commun, dont la feuille est beaucoup plus grande, poussse une tige haute quelquefois de cinq à six pieds, avant de donner ses fleurs.

Au reste, c'est un véritable chou, et, comme toutes les variétés de ce genre de crucifères, il demande une terre assez profonde pour fournir place à sa racine pivotante, garnie de quelque chevelu ; c'est pour lui l'essentiel, car il demande assez de toutes les qualités de terre, pourvu qu'elles soient bien labourées et qu'elles puissent souffrir le soc à dix ou onze pouces au moins, fussent-elles d'ailleurs légères ou pesantes, ce que l'on appelle en Bretagne terre douce, ou terre forte, à fond d'argile, de marne, même de glaise, pourvu qu'on la puisse diviser : ce qu'il craindrait le plus, serait un fond pierreux, trop sablonneux, trop élevé en même temps, et sur-tout crayeux ou granitique, parce que ces derniers genres de sols ne conservent pas assez d'humidité pour fournir à sa végétation ; car, s'il est peu difficile sur le choix des terres, et beaucoup moins peut-être qu'on ne le croit généralement, ainsi que je l'ai éprouvé, il préfère cependant les terres humides ; néanmoins, en thèse générale, on le cultive par-tout où vient le froment, l'orge, le trèfle, la luzerne, même le seigle et le blé noir, avec cette différence qu'il le faut plus ou moins couvrir et rechausser, suivant l'élevation ou la nature du sol ; et quelle que soit la différence que peut offrir sa production, suivant la variété du terroir, on peut assurer, sans exagération, que sa récolte sera au moins d'un quart plus forte que ne l'eût été celle de toute autre graminée, ordinairement cultivée dans le même lieu.

Le chou colza, infiniment plus robuste que tous les autres choux, résiste facilement aux hivers les plus durs : presqu'à l'abri de leur plus grande rigidité, on les a vus survivre au froment que de trop fortes gelées avaient fait périr. Sa culture est une de celles qui présente moins de risques au laboureur, parce qu'étant mûr vers les derniers jours de juin, avant les grandes chaleurs, il est aussi presqu'à l'abri de la sécheresse ; il ne la redoute qu'en avril, lorsque, prêt à monter en fleurs, il fait son plus grand effort et que la pluie lui est nécessaire ; sans quoi ses rameaux grêles, courts et peu fournis, ne donneraient qu'une graine mal nourrie. Mais, comme les sécheresses printanières sont peu fréquentes, de peu de durée, et qu'alors toutes les récoltes souffrent plus ou moins de l'aridité de l'atmosphère, je ne crois pas que cette considération soit de nature à ce que le cultivateur dût s'y arrêter.

Il y a diverses façons de cultiver le colza : j'ai fait l'expérience de presque toutes, et je vais tâcher d'en donner une idée claire.

Les uns le plante au plantoir vers la mi-octobre, ou dans les premiers jours de novembre au plus tard, dans une terre bien labourée et préparée à l'avance (toujours après froment ou seigle, c'est la meilleure manière de rendre cette culture avantageuse, comme nous le verrons).

Les autres, pour épargner les frais de semis et pépinières et ceux de la transplantation au plantoir, se contentent de donner à leur écot de froment trois bons labours, successivement bien hersés, et sèment en pleine terre vers la mi-septembre au plus tard. Enfin, d'autres encore, après avoir aussi préparé leur terre de la même façon, la mettent en planches au dernier labour, et sèment aussi à la mi-septembre dans de petites raies ou sillons qu'ils ont tracés à la houe; mais je regarde ces deux dernières méthodes comme bien inférieures à la première : c'est pourquoi j'indiquerai et décrirai celle-ci d'abord, en engageant le bon agriculteur à l'adopter.

Pour faire le colza au plantoir, il faut d'abord s'occuper du semis ou pépinière : pour cela, on bêche vers la fin de juin, soit un carré de jardin, soit un morceau de chènevière ou autre lieu en bonne terre, que l'on aura soin de bien engraisser après l'avoir délivré des mauvais herbes; on donne à ce semis la grandeur convenable : un espace de vingt-quatre pieds carrés suffit pour fournir tout le plant nécessaire à la plantaiion d'un journal et souvent plus; et ne demande qu'environ une forte demi-livre de semence. Après ce premier labour, on en donne un seeond vers la mi-juillet, et aussitôt l'on sème : il faut observer que la graine de colza, à-peu-près semblable à celle du chou, seulement un peu plus petite, doit être semée plutôt claire que trop épaisse; car, si l'on semait trop fourni, le colza s'étiolerait, on aurait peine à lui enterrer suffisamment le pied à la plantation, parce qu'il serait trop long, ce qui influerait singulièrement sur sa production future: c'est pourquoi il vaut mieux faire son semis un peu plus grand que moins, d'autant que c'est toujours peu de chose. Si, lorsqu'on sème, la terre était trop sèche, ce qui arrive assez souvent parce que la semaille se fait depuis la mi-juillet aux premiers jours d'août, on la rafraîchirait avec l'arrosoir, afin que la graine pût lever; et, si la sécheresse continuait, on ferait bien d'arroser de temps en temps, par ce moyen on se procurerait du plant fort et vigoureux, et qui serait préservé des pucerons, qui sont alors ses plus grands ennemis. On abandonne ensuite ce semis à lui-même avec les soins ordinaires, comme le cerclage, s'il est utile, etc., jusqu'au moment de la plantation, qui se fait vers la mi-octobre, le plant étant alors suffisamment fort et la terre ayant eu le temps d'être préparée.

Comme je l'ai dit, la façon de tirer meilleur parti du colza est de le planter sur chaume ou écot de froment ou de seigle, parce qu'alors il remplace seulement le blé noir pour l'année suivante, et ne dérange rien à la culture des gros grains.

Il faut donc préparer la terre, pour le recevoir, aussitôt que le froment est enlevé du champ, ce qui a lieu, année commune dans notre climat, du quinze au vingt août au plus tard. Pour cela on commence par un bon labour à gros sillons, le plus profond possible, que l'on fait ensuite bien clore (ou clotter, c'est l'expression usitée dans le pays); ou bien, ce qui fait encore mieux, par un bon et profond labour à toutes raies et en grandes planches, que l'on fait ensuite recouvrir par un tour de herse. Cette dernière façon de donner le premier labour est sans contredit la meilleure, parce que la charrue passant par-tout ne laisse aucune terre sans être remuée; en général, ce serait ainsi que tous les labours d'été devraient être faits. Vers la mi-septembre, on donne un second labour également profond; c'est l'instant où le laboureur doit juger sa terre, et, s'il ne la trouve pas suffisamment grasse, il y reportera de l'engrais comme s'il voulait faire froment sur froment, et dans la même proportion.

J'observerai toutefois ici que si la récolte du froment a été abondante et bien nourrie, si le sol par lui-même est généreux, bien cultivé et graissé de longue main, il sera inutile d'y rien mettre, et ce n'est pas un des moindres avantages de cette culture : car si le colza, comme tous les choux, aime la terre grasse, il ne faut pas toutefois qu'elle le soit trop; cela influerait sur son produit, en ce que, poussant trop à feuilles au printemps, il donnerait moins de graines : c'est pourquoi, si on le destinait, par exemple, à remplacer un champ de tabac, il faudrait se donner de garde de rengraisser, et, comme je l'ai dit, dans un bon sol, après de bon froment, cela serait inutile : de bons labours suffisent.

Du reste, quand on ne trouve pas sa terre assez

amendée, tout fumier lui est bon, particulièrement celui de vache, sur-tout dans les terres sablonneuses; mais, à défaut, j'en ai engraissé avec une poignée de cendres, mise à chaque pied en le plantant; et cela m'a fort bien réussi. Vers la mi-octobre, on redonne un troisième labour; celui-ci est le dernier et pour préparer à planter : il recouvre le fumier, si l'on a fumé de nouveau; dans le cas contraire, il achève de diviser la terre. Il serait bon que ce dernier labour fût encore à toutes raies et divisé en planches plates de huit à dix raies chaque, cela donnerait bien de la facilité pour l'angeoler, et c'est la meilleure façon; ou bien en gros sillons de quatre raies sur lesquelles on plante.

On procède à la plantation du colza aussitôt que le dernier labour est donné, et voici comment :

Lorsqu'on le fait en planches de huit à dix raies, comme nous l'avons dit, six hommes suffisent, et sont le meilleur nombre : ils en plantent par jour beaucoup plus d'un journal. On les établit avec ordre dans cette opération : deux premiers marchent armés de plantoirs à béquilles de trois pieds de haut environ, pointus et gros comme le manche d'une bêche ordinaire, afin de donner au trou une dimension suffisante pour que les racines du colza y puissent entrer à l'aise et sans être repliées sur elles-mêmes. L'élevation de trois pieds et la béquille qui termine ce plantoir leur sont utiles, en ce qu'elles leur donne la facilité de faire les trous sans se baisser, et de mieux proportionner leur distance à l'œil; car il faut éviter le cordeau, dont les changemens fréquens alongent l'opération. Ces deux hommes, ainsi armés, marchent les premiers des deux côtés de la planche (qui auparavant a été bien unie avec la herse), en faisant, chacun de leur côté, sur la première raie, des trous à la distance de dix à douze pouces les uns des autres dans les terres fort grasses, et de sept à huit dans les plus maigres. Ces deux premiers sont suivis par deux autres, portant le colza qui a été arraché dans le semis ou pépinière, et le distribuant en mettant un pied par chaque trou ; viennent ensuite les deux derniers, qui, munis d'un plantoir plus court, soulèvent le plant d'une main et lui recouvre de l'autre la racine avec leur plantoir, comme on fait aux choux des jardins, avec cette attention d'enterrer le colza le plus près possible du collet, sans toutefois couvrir l'œil, ni l'exposer à être couvert par l'angeolement que l'on donnera ensuite. Lorsque ces hommes sont arrivés au bout de la planche, ils rétrogradent toujours dans le même ordre, en faisant des lignes semblables à la première à même distance, ayant soin de faire leurs trous en quinconce ou échiquer, pour que le colza se trouve planté avec un espace égal sur tous les sens, et qu'il reste entre chaque pied distance suffisante pour mettre la terre que l'on tire de l'angeolage qui se fait quelques jours après la plantation terminée.

Comme tout le monde connaît cette opération que l'on fait au froment en plusieurs cantons, je me dispenserai de la décrire ici.

Lorsqu'on veut planter sur sillon, l'opération est à-peu-près la même ; c'est-à-dire, qu'après avoir élevé avec la charrue, par le troisième labour, de gros sillons de quatre raies comme ceux du froment, on casse les mottes, soit avec la houe, soit avec la herse en la passant un ou deux tours sur chaque côté du sillon, et l'on plante comme dans l'autre cas. Chaque sillon ainsi fait donne ordinairement cinq lignes de colza. Cette façon est aussi très-bonne; la première aurait l'avantage d'épargner la perte des raies vides, qui sont plus multipliées dans le sillon que dans l'angeolage: mais le sillon, de son côté, aurait celui de mieux égoutter l'hiver les terres basses et humides.

Le colza, ainsi planté, reste dans l'état jusqu'au printemps, et n'exige pendant l'hiver aucun soin que celui de le préserver de la dent des bestiaux, qui en sont fort friands. Vers la fin de février, avant que le colza monte en fleurs, le cultivateur soigneux lui donne entre les raies un léger labour et le rechausse à la houe; cette opération, dont cependant beaucoup de laboureurs se dispensent, est fort utile, en ce qu'elle rapproche la terre réunie au pied de la plante, la soutient et la nourrit au moment où elle va faire son grand effort de végétation : et je la conseille, persuadé que ce soin ne sera pas temps perdu.

Il me reste à parler de la récolte du colza, qui se fait dans notre climat, au plus tard, au premier juillet, et le plus souvent du quinze au vingt-cinq juin. Mais avant je ne puis me dispenser de dire un mot des nombreux ennemis qui l'attaquent à l'approche de sa maturité : ce sont tous les oiseaux en général, et particulièrement les linots, qui, se rassemblant même à grande distance, fondent en troupes sur le champ qui commence à jaunir, lorsque les grains sont bien formés, ouvrent les gousses et y font beaucoup de dégâts si l'on n'y met ordre. Un peu de soin et quelques coups de fusil souvent les écarte; mais, ce qui me semble le plus propre à les effrayer, est d'enfiler des morceaux de papier blanc de diverses formes dans de gros fils de chanvre, que l'on attache de distance en distance transversalement d'un bout du champ à l'autre, à un pied au-dessus du colza ; outre que les oiseaux, naturellement défiants, n'approchent qu'avec timidité de ces fils qu'ils prennent pour des rets, le moindre vent, agitant les morceaux de papier, les inquiète et les empêche de s'abattre sur le colza. Comme notre pays, fort boisé, est, à proprement parler, un bocage, il est possible que nous soyons beaucoup plus exposés que la Flandre, qui est un pays de plaine, à ce petit fléau ; mais on pourrait croire, avec raison, qu'à mesure que la culture s'étendrait il serait nécessairement moins redoutable, parce que les oiseaux, qui se réunissent pour dévorer le seul champ qu'ils trouvent ensemencé, partageraient leur pillage sur une plus grande quantité, et la perte pour chacun deviendrait insensible.

Il est essentiel de bien saisir le vrai point de la maturité du colza : trop peu mûr, la graine se rétrécirait, serait de qualité inférieure et rebutée à la vente ; trop mûr, il serait difficile de le recueillir, il y aurait beaucoup de perte. Pour bien juger de ce degré de maturité, il suffit d'ouvrir une des gousses qui contiennent la graine, et lorsqu'on trouve celle-ci tout-à-fait verte, il faut tarder ; si, au contraire, elle commence à prendre une teinte brune, il est temps de la couper : ce que l'on fait à la faucille, en couchant ensuite le colza sur l'écot pour le laisser javeler et achever de mûrir pendant sept à huit jours, ou plus ou moins suivant le temps. Il est bon d'observer qu'il ne faut faire cette opération que le matin depuis trois heures jusqu'à huit, et le soir depuis six ; car il faut éviter de toucher le colza mûr dans le cœur du jour, soit pour le couper, soit pour le porter à l'aire, parce que, la chaleur du soleil le disposant singulièrement à s'ouvrir au moindre mouvement, on perdrait beaucoup de graine; et, par raison inverse, c'est l'heure du plus grand soleil qu'il faut choisir pour le battre : car il s'ouvre alors avec une telle facilité qu'on ne saurait trop établir la quantité que quatre bons batteurs égraineraient par jour. Il se bat avec le fléau ordinaire, comme les autres graines; mais on ne peut guère se dispenser de construire une aire dans le champ même qui le produit, car il souffre difficilement le transport, sur-tout en charrette. Je ne décrirai pas ces aires que tout le monde connaît, et qui sont promptement et aisément faites; comme la terre en reste toujours un peu molle, je conseillerai de les recouvrir de toile ou de draps de lit, afin de ne rien perdre du tout. On vanne le colza aussitôt qu'il est battu, parce qu'il ne tarderait pas à fermenter; et cela est très-facile au van ordinaire. On met de suite de côté la graine nécessaire pour ressemer, que l'on étend avec soin dans un lieu sec; car, presqu'aussitôt que le colza est en tas dans le grenier ou le magasin, il commence à s'échauffer de telle sorte qu'il perd sa faculté reproductive. Cette fermentation de la graine du colza ne doit pas effayer : loin d'être nuisible, elle est même nécessaire; cependant je conseillerai au cultivateur de vendre le plutôt qu'il pourra le produit de sa récolte, s'il ne veut pas perdre le moindre déchet, car cette fermentation en cause : c'est pourquoi le colza n'en est que plus recherché ensuite par les fabricants.

Les pailles du colza ne sont propres qu'à

chauffer le four et à faire litière ou foulage dans les cours.

Telle est, à mon avis, d'après l'expérience que j'en ai faite, la meilleur façon de cultiver le colza. J'ai promis de parler des autres méthodes que j'ai aussi éprouvées ou vu pratiquer; les voici :

Les uns se contentent, aussitôt que le froment est enlevé du champ qu'ils destinent au colza, de préparer leur terre à le recevoir par trois labours presque consécutifs, ou du moins à fort courts intervalles. Le premier vers le 20 août; le second au 1er septembre, après lequel ils étendent le fumier, s'ils jugent à propos d'en mettre, et le recouvrent aussitôt par le troisième labour, en disposant en même temps la terre, à leur gré, en planches ou en sillons ; et sèment à la volée entre deux tours de herse donnés avec soin, et sur la terre la plus meuble possible, vers le 8 ou 10 septembre au plus tard, afin que le plant ait acquis, avant l'hiver, force suffisante pour en supporter la rigueur. Une douzaine de livres de graine, au plus, suffit pour ensemencer un journal de terre, encore lève-t-il trop épais ; et l'avantage que l'on trouve à cette façon de cultiver est de pouvoir en arracher tout le long de l'hiver en l'éclaircissant, ce qui donne un assez bon fourrage vert pour les bêtes à cornes, et lorsqu'on l'éclaircit également de sorte à laisser à-peu-près entre chaque pied la distance de cinq à six pouces, il en reste suffisamment à monter en graine pour donner une abondante récolte.

Bien que je ne sois pas partisan de cette méthode, je dois dire qu'en ayant une fois fait l'essai en petit je fus assez satisfait du résultat. Ceux qui le cultivent ainsi apprécient l'avantage d'épargner, le temps et les frais, et celui d'avoir de quoi nourrir leurs vaches au vert pendant la dure saison. L'expérience faite plus en grand démontrerait si ces avantages compensent la différence de beaucoup moins de graine peut-être, différence qui fut à la vérité assez peu de chose dans mon essai ; mais que je voudrais réitérer avant d'asseoir la balance d'une manière positive.

D'autres, enfin, après avoir préparé leur terre de la même façon, tracent (*), dans la longueur de leurs planches ou sillons, des raies creuses avec la houe et profondes d'environ six pouces, distantes d'un pied les unes des autres, en relevant la terre de chaque côté. C'est dans le fond de ces raies qu'ils sèment leur graine, et la recouvrent légèrement pour la faire lever sans détruire la raie; arrachent le superflu du plant tout l'hiver, et, au mois de février, avant que le colza tende à monter, ils le rechaussent en rabattant les deux bords de la raie et la mettant de niveau. Ce rebottage n'est pas mauvais et nourrit singulièrement le colza.

On ne doit pas dédaigner cette méthode : elle semblerait réunir parties des avantages séparés des deux précédentes, et mériterait que l'essai en fût fait comparativement. N'ayant pas fait moi-même cette expérience, je ne puis donner sur elle rien de précis : tout ce que je puis dire, c'est que l'on obtient ainsi de fort bonnes récoltes, et ce serait bien quelque chose, outre celle de la graine, d'ob-

---

(*) Ne pourrait-on pas faire cette opération, pour l'abréger, avec une herse carrée, à la largeur des planches ou sillons, armée de dents régulièrement placées, ayant la forme d'une lance, avec deux petits versoirs, et, traînant cette herse avec les chevaux, les raies se trouveraient faites en une seule fois.

tenir, en agriculture, un bon fourrage pour quelques grains perdus.

Il me reste à parler des avantages de cette culture, en rapport avec nos assolements habituels dans ce département, et sous celui de ses produits. Premièrement, elle me semble d'abord convenir singulièrement à tous les lieux où l'on est dans l'usage de préparer la terre à recevoir le froment par une année de repos et des labours que l'on nomme *guérets d'été ;* excellent usage, s'il n'avait l'inconvénient de la jachère infertile pendant une année : or ce serait à cette infertilité que remédierait le colza, qui, remplaçant le froment presqu'immédiatement après sa sortie du champ, est toujours mûr et enlevé à son tour à la fin de juin, à temps de commencer les guérets d'été pour le froment suivant, comme si le champ n'avait rien produit. La récolte intermédiaire du colza, dans cet assolement, est donc en pur bénéfice ; et nous verrons, par le calcul des produits de cette récolte, sans exagération, qu'elle équivaut elle-même à la meilleure du blé, qu'elle remplace ou qu'elle précède. Ajoutez à cela que les débris des feuilles du colza sont un engrais que la terre reçoit en compensation des sucs qu'elle fournit, et que celle où les guérets d'été sont en usage paraît lui être la meilleure, pourvu qu'elle ne couvre pas d'eau l'hiver. Dans le marais de Dol, par exemple, où ces guérets sont en usage, la moitié des terres se repose chaque année ; si la culture du colza y était adoptée, leur production serait égale à celle qu'elles donneraient si elles étaient toutes constamment couvertes de froment. Et quel avantage ne serait-ce pas? dût-on même, contre l'habitude, soutenir, par quelques engrais, ces excellentes terres, qui seraient alors toujours productives.

Dans la plus grande partie du département et même de l'arrondissement de Saint-Malo, où les assolements sont différents, cette culture n'offrirait pas moins d'avantages, succédant, comme nous l'avons vu, au froment ou au seigle ; elle équivaut elle-même à une seconde récolte de ces graminées, bien supérieure à celle du blé noir qui est l'alterne ordinaire ; elle demande peu d'engrais, seulement de bons et profonds labours qui améliorent la terre; enfin, elle est récoltée à temps de faire ces précieux guérets d'été, que par-là on pourrait mettre en usage par-tout, et qui préparent si merveilleusement le sol en exposant l'intérieur de la couche végétale aux plus ardents rayons du soleil d'été, divisent la terre, et fait périr les mauvaises herbes pour la récolte suivante. J'ajouterai même à cela, parce que j'en ai fait l'épreuve, que dans ce climat le colza mûrit assez tôt dans les années hâtives, que souvent, lorsqu'il est enlevé, on serait encore à temps de semer des blés noirs tardifs ; c'est ce qui m'est arrivé à moi-même une fois sur trois années. Je semai, à la Saint-Pierre, du blé noir après le colza ; je l'engraissai promptement avec un peu de cendre, et j'eus une très-bonne récolte : ce qui me donnait l'autre en pur bénéfice. Enfin, le fermier qui, par exemple, fait ordinairement sept journaux de blé noir, et ne voulant pas se priver de cet assolement pour le froment suivant, ne pourrait-il pas en consacrer trois au colza, qui ne demandant, comme je l'ai dit, que peu ou point d'engrais, suivant les lieux, lui donnerait alors la facilité de reverser ses fumiers sur les quatre autres, qui, je le pense, lui produiraient autant que les sept qu'il eût trop faiblement engraissés ; et par conséquent sa récolte de colza et ses guérets d'été en profit.

Pour donner une idée juste du produit réel du colza, on peut d'abord établir à coup sûr, qu'en général, à la mesure, il donne au moins un quart en sus du produit du froment, proportion gardée suivant la quantité et la qualité du sol ; c'est-à-dire, par exemple, que dans une quantité de terre qui eût donné trente boisseaux de froment (ancienne mesure de Dol), le colza en produira au moins trente-huit ; comme dans la même quantité de terre plus médiocre qui n'en eût produit que quinze, le colza en donnera au moins dix-huit à vingt. Et, si l'on considère que pour obtenir une quantité de trente boisseaux de froment, il en faut sacrifier au moins trois et souvent beaucoup plus pour semence, tandis qu'une demi-livre de colza suffit, on aura presque le tiers de différence entre le froment et le colza, à l'avantage de celui-ci. Mais la différence du poids est encore à ajouter à mesure égale : le colza pèse plus que le froment du huitième au moins, et c'est au poids, et non à la mesure, que généralement il se vend dans le commerce. C'est ainsi que le *demeau* de Dol, qui pesera à peine en froment quarante-cinq livres ancien poids, pesera en colza cinquante et souvent plus ; et que, d'après cela, le journal d'excellente terre qui aura produit cinquante demeaux, sur lesquels il faut déduire six de semence, ce qui les réduit à quarante-quatre, aura donné, en poids, dix-neuf cent quatre-vingts livres ; tandis que la même quantité de terre aura produit en colza soixante-deux demeaux, qui feront, en poids, trois mille vingt livres, ce qui est plus d'un tiers en sus par le fait.

Quant au prix, a le balancer année commune,

il est à-peu-près le même pour le colza que pour le froment ; c'est-à-dire, que le colza ne peut guère s'élever au-dessus de 15 francs les cent livres pesant, ni retomber au-dessous de 10 francs ; car il n'a pas été au-dessous de 12 depuis long-temps, et nous voyons même qu'il était à ce prix dès 1753, temps où la consommation des huiles était bien moins considérable qu'elle ne l'est maintenant. Or, 12 francs les cent livres est aussi le prix moyen du froment dans ce département ; car s'il arrive que dans les années calamiteuses il s'élève bien au-dessus, dans les années d'abondance, et même ordinaires, il est le plus souvent au-dessous.

En prenant donc un terme moyen, d'après les différentes données que je viens d'établir sur mes expériences, faites dans un sol des plus ordinaires, des moins bons cantons de l'arrondissement, sur fond d'argile et terre à blé noir, nous aurons les résultats suivants :

Un journal de terre très-médiocre a produit, en colza, vingt boisseaux, mesure de Dol, pesant deux mille livres, qui, à 120 fr. le mille, ont donné, ci..	240 fr.
Le même journal eût donné en froment quinze boisseaux, sur lesquels il eût fallu ôter pour semence deux boisseaux et demi, reste donc douze et demi, lesquels eussent pesé, à quatre-vingt-dix livres le boisseau, onze cent vingt-cinq livres, qui, à 12 fr. le cent, eussent été payés, ci.	135
Balance en faveur du colza sur le produit brut, en comparaison du froment........................	115 fr.

On aura seulement à défalquer sur cette différence, celle de la valeur de la paille et le prix de six journées d'hommes qui ont été occupés à le planter; comme on aura à déduire aussi sur le prix du froment l'engrais que le colza ne demande point, ou en proportion de moitié moins quand il lui succède, c'est pourquoi j'établis, pour les frais de la culture, par approximation, balance entre l'un et l'autre, ce qui est encore faire au colza une sorte d'injustice. Ce que j'ai dit du froment peut s'appliquer au seigle à proportions gardées.

La différence sera encore bien plus forte, si l'on compare le colza au blé noir, qu'il pourrait, comme nous le voyons, remplacer en tout ou partie comme une alterne bien préférable : d'abord la paille du blé noir et celle du colza n'ont guère qu'une valeur presqu'égale; c'est-à-dire, qu'elles ne sont bonnes qu'à faire litière ou chauffer les fours; outre cela le sarrasin manque souvent, soit par trop de pluie, soit par sécheresse, et je crois que l'agriculteur pourrait, sans être taxé d'exagérer, ne calculer cette récolte bonne qu'une année sur trois : nous avons malheureusement des exemples trop récents à l'appui de ce calcul. Tandis que le colza, qui est un grain d'hiver, ne saurait manquer entièrement : s'il demande plus de labours et de soins, ils ne sont jamais perdus pour la terre, on le sait en agriculture; d'autre part, il exige après le froment moins d'engrais généralement que le blé noir, et celui-ci n'est souvent qu'à peine enlevé du champ lorsqu'il faut songer à labourer pour réencemencer en gros grains; souvent même encore, lorsque les pluies d'octobre forcent à le laisser trop long-temps dans les champs, où il pourrit à moitié, il retarde considérablement les semailles, force à donner à la hâte une mauvaise préparation qui influe beaucoup sur l'année suivante; tandis que le colza, toujours mûr au plus tard au 1.er juillet, outre qu'il ne court pas le moindre risque d'être avarié, donne le temps de faire ces guérets d'été, dont nous avons déjà parlé, et qui sont si précieux en agriculture dans tout sol et dans tout pays.

Enfin, si la production du sarrasin et du colza sont à-peu-près semblables, quant à la mesure, la différence en valeur est énorme; car un journal de terre, qui, dans une bonne année, aura produit vingt-cinq boisseaux de blé noir, au prix moyen de 4 francs le boisseau, donnera 100 fr. brut; tandis que le même journal aurait aussi produit au moins vingt-cinq boisseaux de colza, qui, d'après les proportions précédemment établies, auraient pesé deux mille cinq cents livres, et se seraient vendus 300 fr.

Je ne puis me dispenser de placer ici un observation qui me paraît essentielle et relative à notre usage d'alterner avec le sarrasin, c'est que, guidés dans cet usage uniquement par l'habitude, sans réflexion sur la nature du sol que demande ce grain, qui ne vient bien que dans les terres douces et légères, nous le confions, pour alterne, dans nos terres fortes où il ne donne les meilleures années que de faibles produits, et le plus souvent rien dans les autres. J'en appelle au moindre observateur; ne voit-il pas dans nos meilleures et plus fortes terres du clos Poulet, des environs de Dol, et des cantons avoisinant la mer, pour peu que les étés soient chauds, des blés noirs rachitiques et mauvais? ce sont dans ces terrains, qui ne conviennent pas du tout à ce grain, qu'il faudrait mettre le colza à sa place. Bien à coup sûr, si je possédais semblable terroir, si fertile d'ailleurs lorsqu'on lui confie la culture qui lui convient, bientôt lassé des chétives récoltes que le sarrasin m'apporterait tous les deux ans, je ne balancerais pas à l'en bannir et à lui substituer, pour alterne au froment, l'orge d'été ou paumelle, pour la moitié, et le colza pour l'autre avec un succès indubitable.

Je crois en avoir assez dit pour mettre le plus simple cultivateur à lieu de juger des profits qu'il peut faire en adoptant la culture du colza, et engager à en faire l'essai pour s'en convaincre ; je suis persuadé d'avance que quiconque le fera en sera satisfait.

J'ai cru inutile d'établir la différence des frais de cette culture, comparativement à toutes celles qui sont en usage dans notre pays, parce que chacun peut facilement apprécier cette différence, qui ne se trouve que dans un ou deux labours et quelques journées d'hommes de plus, encore je ne parle que dans la supposition que l'on adopte la méthode de planter, parce que c'est celle que j'ai essayée plus en grand, que j'ai adoptée, et que j'ai détaillée, qu'enfin je conseille parce que je la crois la meilleure. Tous les autres calculs que j'ai donnés reposent sur ma propre expérience, réitérée plusieurs années de suite avec succès; et loin de les exagérer, je les ai portés au plus bas présumable, année commune, puisque j'ai pris pour base ma culture, et que, comme je l'ai dit, j'ai fait exprès mes essais dans une terre fort médiocre, même ma plus grande pièce, dans un sol granitique le moins favorable au colza. Or il m'a réussi par-tout; mais que n'eût-il point donné, s'il eût été cultivé dans un sol meilleur et plus généreux?

Au premier aperçu, le cultivateur pourrait craindre l'embarras de sa richesse ; que ferai-je de cette graine? à qui la vendre me dira-t-on? Je ne crois pas que raisonnablement on en puisse être embarrassé.

Dans un moment où de toutes parts, notre activité naturelle se repliant pour ainsi dire sur elle-même, l'industrie se montre sous toutes les formes, et se développe en France avec un élan remarquable, fille de la nécessité ou de l'amour du travail, elle viendra promptement nous délivrer de notre abondance quand elle y trouvera des profits. Des usines s'établiront promptement là où s'établira la culture du colza ; car on sait que les huiles ont toujours cours, valeurs, débouchés, et le plus souvent recherche que calme dans le commerce. D'ailleurs il existe assez près de nous des fabriques d'huiles végétales : Saint-James, dans la Basse-Normandie, à douze lieues au plus de Saint-Malo ; les environs de Ducé, d'Avranches, de Saint-Hilaire-du-Harcouët, ceux d'Ernée, de Laval, de Mayenne dans le Bas-Maine, en offrent un assez grand nombre, outre celles, un peu plus éloignées, assez considérables, du Lion d'Angers dans le département de Maine et Loire ; et enfin celles très-considérables de Caen, etc. Or, l'embouchure de l'Orne n'est pas éloignée de nous par mer, et nous aurions, par nos ports, une exportation facile, soit de nos graines, soit de nos huiles ; d'autant que, d'après mon expérience, puisque non-seulement j'ai cultivé le colza, mais fabriqué l'huile de ce colza, je puis assurer qu'il est d'excellente qualité, et sera recherché du fabricant, peut-être avec préférence sur celui de Flandre; ce qui me semble tenir à quelques degrés de chaleur de plus dans notre climat où il mûrit très-bien, ou à la qualité généralement plus légère de notre sol, qui donne à nos graines moins de parties aqueuses.

Je pourrais ajouter ici bien des considérations générales sur le degré d'aisance qu'apporterait nécessairement dans le département, et en particulier dans l'arrondissement de Saint-Malo, cette culture intéressante. J'y ai vu, avec tout le plaisir que peut éprouver le sincère ami de son pays, l'introduction de celle du tabac, à laquelle je rends tout l'hommage qu'elle mérite; mais j'oserai dire que, sous le rapport du bien général, il ne serait pas difficile de prouver que la culture du colza l'emporterait bientôt comparativement : on le comprendra en considérant que l'une n'est pas libre, qu'elle est précaire, et pour ces raisons ne peut être aussi généralement répandue, outre qu'elle exige de grands frais, et que beaucoup d'entraves pèsent sur elle; tandis que l'autre, libre, facile, et peu dispendieuse, est à la portée des soins, des moyens et de l'intelligence du moindre laboureur; et que, d'autre part, lorsque le tabac, après avoir éprouvé, jusqu'à l'instant de sa vente, une série de formalité que le seul désir de quelque gain peut faire affronter, va se faire fabriquer loin du sol qui l'a produit; le colza, donnant naissance à un nouveau et peut-être à plusieurs genres d'industries commerciales sur les lieux mêmes, ne les quitterait qu'après y avoir laissé tous les bénéfices qu'il peut donner, culture, fabrication, exportation.

Au reste, je suis loin de vouloir décréditer dans cet arrondissement la précieuse culture du tabac; mais ne pourrait-on pas les accoler l'une à l'autre avec succès. Suivant moi ce serait une véritable et grande conquête de l'art ; car, n'en déplaise à la mémoire de l'abbé Rozier, la culture des terres en Bretagne est encore susceptible de beaucoup d'améliorations, et si j'étais assez heureux pour contribuer le moindrement à l'introduction de celle-ci, ce me serait une grande satisfaction, en voyant ma patrie recueillir les fruits de cette nouvelle branche de richesse, de me rappeler, même avec une sorte de fierté, que le premier j'ai cultivé, fabriqué, émis dans le commerce, à Rennes et même à Saint-Malo, plusieurs tonnes d'huile de colza, cru sur le sol breton (*). Cette idée est trop flatteuse, je l'avoue, pour ne m'y pas arrêter et terminer cet article en l'exprimant.

(*) En parlant ainsi, j'entends toujours ce département; car je crois que, dans le même temps que moi, essai semblable a été fait par M. de Penhouet, officier de la marine, dans le département du Morbihan.

QUELQUES MOTS

SUR

D'AUTRES PLANTES OLÉAGINEUSES

ET SUR LE PAVOT BLANC EN PARTICULIER.

IL est encore d'autres plantes oléagineuses dont on pourrait tenter des essais; mais n'en ayant pas fait moi-même, je me contenterai de les citer. De ce nombre est la rabette ou navette d'été, car le colza se nomme aussi *navette d'hiver;* cette navette d'été est fort en usage dans quelques parties de la Haute-Normandie : elle ne tient pas, comme le colza, de la nature du chou, mais bien de celle du navet; elle se sème au printemps, vers la mi-avril et produit beaucoup. Son huile est inférieure à l'autre : conséquemment le prix doit en être moindre, et je ne présume pas qu'elle puisse offrir autant d'avantages que le colza sur la culture du blé noir ; cependant l'expérience mérite d'en être faite, d'autant que je crois qu'elle convient fort aux terres très-légères : on s'en procure facilement la graine à Caen. Comme cette navette a un singulier rapport à celle qui croît naturellement parmi les froments de nos marais, et que l'on nomme communément *taguite*, je suis porté à croire que c'est absolument la même chose, à cette différence près que l'une est cultivée et l'autre sauvage, d'autant qu'ayant fait de l'huile de cette *taguite*, je l'ai trouvée fort bonne, fort grasse, très-propre aux laines, mais foncée en couleur.

On cultive encore dans l'Artois et le Boulonais une autre plante de trois mois ou d'été, qui ne demande qu'une terre bien meuble, et qui produit, dans des bourses assez semblables à celle de la bourse à pasteur, une graine oléagineuse extrêmement fine et fort abondante ; elle demande peu de soins : on la nomme vulgairement, dans le pays, *camomille*, mais je ne crois pas que ce soit son véritable nom, et j'ignore celui qu'elle porte en botanique ; car elle n'a aucune ressemblance avec la plante que l'on emploie en médecine sous ce nom. Ne connaissant aucun des résultats de sa culture, je ne puis que l'indiquer.

Le *pavot simple* ou *œillette* se distingue et se met, en Artois sur-tout, au premier rang de la culture ; comme je l'ai dit, dans mon Avant-Propos, j'en ai fait l'essai en petit, mais il ne m'a pas bien réussi. Je compte y revenir, d'abord parce que diverses raisons me porte à croire qu'il n'a manqué que par des causes particulières, n'étant d'ailleurs pas sûr de ma graine, qui leva fort mal. Lorsque je recommencerai cet essai, je m'adresserai à M. Villemorin-Andrieux, quai de la Mégisserie, à Paris, pour obtenir de bonne semence, d'autant qu'il en faut extrêmement peu, parce qu'elle est très-menue; et j'indique ici cette maison, avec plaisir, méritant toute confiance.

Je ne puis que dire, en général, ce que je sais de cette culture à ceux qui la voudraient essayer ; elle en vaut la peine, et mérite de fixer l'attention.

L'œillette aime la terre extrêmement grasse et

bien labourée ; lorsqu'on la veut faire sur écot des gros grains, il faut, après un premier labour, donné en février et bien hersé, porter son engrais, que l'on recouvre de suite par un second ; vers la fin d'avril, on en donne un troisième, et, l'ayant bien divisé avec la houette et la herse de sorte à rendre la terre le plus meuble possible, on sème sa graine dans les derniers jours d'avril ou premiers de mai, par un beau temps, lorsque les gelées ne sont plus à craindre, ayant soin de la mêler avec de la cendre pour la semer ; car cette graine, étant extrêmement fine, serait difficile à bien semer sans cette précaution. L'œillette ne tarde pas à lever, sur-tout lorsqu'une pluie douce et bénigne survient. Il n'y a d'autres soins à donner à l'œillette, lorsqu'elle est petite, que de l'éclaircir si elle levait trop épaisse, et la délivrer des mauvaises herbes qui lui nuisent beaucoup ; il est encore rare qu'elle en ait besoin, pour peu que la terre ait été bien préparée à l'avance, car l'œillette, ayant une feuille fort large et épaisse, couvre de bonne heure son terrain, et se délivre elle-même de ses ennemis.

Tout le monde connaît le temps de la maturité du pavot de nos jardins : c'est aussi celui de l'œillette. Cela demande beaucoup de précautions : aussitôt que l'on s'aperçoit qu'il y a des têtes mûres (car elles ne mûrissent pas toutes à la fois), on entre dans le champ, armé de serpettes ou de gros ciseaux, et portant devant soi un large tablier fermé en poche, dans lequel on jette les tetes mûres, et, lorsque le tablier est plein, on le va vider dans une grande toile placée pour cela au coin du champ ; et, les emportant à la maison, on les fait sécher au soleil sur des toiles pour les écraser ensuite et en obtenir la graine. On renouvelle cette opération successivement jusqu'à ce que tout soit cueilli, et l'on fauche ensuite la paille, qui n'est bonne que pour le four ou le foulage dans les cours de fermes.

Le grand avantage de cette culture me semble consister, 1° dans l'abondance de la graine que donne l'œillette ; 2° dans le prix élevé de cette graine, toujours chère parce qu'elle rend beaucoup d'huile, que cette huile est au nombre des dessiccatifs fins, c'est-à-dire propre aux plus belles peintures, et que les gâteaux ou résidus sont fort bons pour les bestiaux ; 3° en ce que la perte de ses feuilles, qui sont fort grasses, améliore le sol. Mais sa culture demande aussi des soins, et sa récolte est difficile ; les coups de vent sur-tout y font grand tort lorsqu'elle est mûre, en penchant les têtes qui se vident aussitôt.

Je voudrais pouvoir joindre ici un aperçu net des résultats et des vrais profits de cette culture ; mais j'ai dit la raison qui me prive de cette satisfaction, et je ne puis rien ajouter, à moins qu'un essai plus fructueux ne me mette à lieu de le faire.

APERÇU RAPIDE
SUR LA FABRICATION
DES HUILES VÉGÉTALES
ET L'ÉTABLISSEMENT DES USINES NÉCESSAIRES;

Considérations générales sur l'Industrie de notre arrondissement et sur ce qui a été dit.

J'AI dit, en parlant de la culture du colza, que si cette culture s'établissait assez en grand pour fixer l'attention du commerce sur notre arrondissement, des usines à fabriquer les huiles ne tarderaient pas à s'y établir sur plusieurs points : il y a d'autant moins lieu d'en douter que cette fabrication, fort aisée, n'exige que de petits capitaux, est exposée à de faibles risques, et pour mieux dire à aucun lorsque l'on y apporte quelques soins, nécessaires à toute manutention, et que les usines sont d'un premier établissement peu coûteux : un moulin à huile, quelle que soit la forme de celui que l'on adopte, étant toujours infiniment moins cher à construire qu'un moulin à blé, parce que des pilons ou des cylindres coûtent moins cher que des meules.

La forme des moulins à huile est variée et diffère suivant les lieux : tous arrivent en résultat au même but, qui est d'extraire la partie grasse ou huile des graines, après les avoir concassées par le moyen d'une presse.

Ici, c'est un simple rouleau de pierre, mis en mouvement par un cheval, qui écrase cette graine; là, ce sont deux petits cylindres de fonte tournant sur eux-mêmes et dont les cannelures s'adaptent exactement les unes dans les autres, et sont tournés soit par le vent, par l'eau, ou par le manège. Dans ces deux espèces de moulins, l'huile est ensuite exprimée par une presse à vis, serrée à main d'homme, fort dure à mener, ce qui est un inconvénient, outre celui plus grand encore d'être obligé de chauffer la pâte avant de la soumettre à l'expression, parce que cela donne mauvaise couleur aux huiles et les déprécie, comme nous allons l'expliquer.

Enfin, les moulins de Flandre, du Brabant, et ceux de Saint-James en Normandie, sont des moulins à pilons de bois ferrés, qui broyent la graine dans des mortiers pratiqués dans une grosse pièce de bois que l'on nomme *pile*, et mis en mouvement par l'eau ou le vent, et faisant agir les pilons par le moyen de rouets ou de grosses chevilles, nommées *levières*, adaptées à l'axe ou arbre, ainsi que dans les papeteries. Le moulin met également en jeu lui-même sa presse, qui est d'une construction fort simple et fort ingénieuse, et qui opère par le moyen de deux coins frappés par un mouton et un contre-mouton. Le mien est de ce genre, et je crois ces moulins les meilleurs parce que le pilon a l'avantage non-seulement de broyer la graine, mais de la bien triturer, de pétrir la pâte et de mieux disposer l'huile à sortir. Je crois toutefois que l'on pourrait perfectionner la construction actuelle de ces moulins, en y réunissant les cylindres de fonte dans lesquels on ferait passer une première fois la graine pour la concasser, avant de la mettre pétrir sous le pilon, ce qui abrégerait beaucoup la besogne de celui-ci, et ferait l'effet du rouleau ainsi établi par les Hollandais, et nommé *moulin de recense*. Ces cylindres seraient placés dans le même moulin, tournés par la même roue et servis par le même ouvrier. Pour ces moulins, comme pour toute autre usine, l'eau est toujours le moteur préférable, et bien supérieur à tous les autres; cependant en Flandre, qui est un pays de plaine, offrant peu de chutes d'eau, ceux qu'on voit sont à vent, à trois et quatre pilons et une presse. Les moulins à eau peuvent avoir autant de pilons que la force de la chute le permet; on doit aussi établir et calculer la force de cette chute dans la proportion d'une presse pour quatre pilons, afin que les gâteaux aient le temps de se bien égoutter. Les plus ordinaires sont de cinq à six; mais on en ferait aisément, même de très-considérables, en ajoutant au mécanisme en proportion des moyens du moteur.

La bonté des moulins à huile dépend en général de leur force et de leur rapidité, qui les fait échauffer plus ou moins promptement la pâte avant de la soumettre à la pression. Lorsque le moulin ne produit pas la chaleur nécessaire pour que l'huile se sépare bien, on est obligé d'y suppléer en mettant à chauffer la pâte sur le feu, et c'est un inconvénient parce que la pâte est sujette à brûler au moindre défaut de soin de l'ouvrier, et que l'huile, prenant trop de couleur et devenant plus trouble, est moins estimée dans le commerce : c'est ce que l'on nomme *tirer à chaud*; comme on appelle *tirer à froid*, presser les huiles avec la seule chaleur communiquée par le moulin : cette façon est bien supérieure à l'autre pour la qualité. Un seul homme peut servir un moulin de six et même sept pilons facilement ; et chacun de ces pilons peut fabriquer, depuis cinq heures du matin à sept heures du soir, environ soixante livres pesant de graine de lin, de colza, etc. Lorsque l'eau fournit, il est avantageux de discontinuer le travail le moins possible ; c'est pourquoi, quand on le peut, on fait marcher l'usine jour et nuit ; c'est le moyen non-seulement de fabriquer plus, mais de causer moins d'évaporation ; et pour cela on a deux ouvriers par moulin, qui se relèvent à midi et à minuit ; alors chaque pilon fabriquera à-péu-près cent livres dans les vingt-quatre heures, qui, balance faite suivant les différentes natures de graine (parce que le lin, le colza et l'œillette donnent plus), mais par compensation, donneront vingt-cinq livres d'huile au moins. (Le pot pèse quatre livres, le double litre deux kilogrammes).

Il faudrait, je le sens, pour donner une idée exacte de ces moulins, joindre ici, à une description mécanique précise, une planche qui pût présenter l'objet; mais je n'en ai voulu donner qu'une idée succincte, afin de prouver seulement que l'établissement de ces usines est facile, et le propriétaire ou le commerçant qui en voudrait élever, trouverait aisément, aux lieux que j'ai indiqués, les ouvriers qui lui seraient nécessaires. Il me suffisait donc de mettre rapidement sous les yeux ce genre de fabrication ailleurs si connu, et si bien décrit dans divers ouvrages. L'établissement d'un moulin à huile peut, sans grande dépense, offrir à un ou plusieurs propriétaires de nos campagnes qui posséderaient un cours d'eau ou une élevation battue des vents, le moyen de tirer eux-mêmes tout le parti possible de leur récolte de graine oléagineuse ; en fabricant eux-mêmes l'huile, ils conserveraient leurs gâteaux si bons pour leurs bestiaux l'hiver, et pourraient considérer cette petite usine comme l'équivalant d'une bonne prairie qui leur fournirait sans cesse une herbe abondante et très-nutritive (*).

Le commerçant, d'autre part, pourrait établir plus en grand cette fabrication, et la réunion de cinq et six de ces usines dans un lieu propre (comme cet arrondissement en pourrait offrir), donnerait, avec l'emploi d'un seul commis et de faibles capitaux, des profits assez considérables, sur-tout l'usage des gâteaux étant bien accrédité, et c'est ce qui a lieu maintenant dans ce pays, où l'expérience en a été faite. Je dois dire ici que tous les gâteaux ou résidus ne sont pas bons pour les bestiaux : on ne leur donne que ceux de lin, d'œillette, de chanvre, de colza (quand il est frais), les autres, mis à fermenter, donnent un engrais extrêmement fort et qui équivaut à la meilleure cendre de cuve.

Au reste, si quelques-uns de nos concitoyens désiraient, sur ce genre d'industrie, des renseignements plus précis, ce sera toujours avec plaisir que je me prêterai à leur faire part de tout ce que l'expérience m'a appris à moi-même, comme aussi je me prêterais aux établissements de ce genre en tout ce qui serait en mon pouvoir.

Le colza n'est pas la seule graine oléagineuse

(*) Ces gâteaux se donnent aux bestiaux comme le son, et plus ou moins humectés, à volonté, suivant leur goût.

que notre pays peut offrir au fabricant d'huiles végétales; on se procure facilement, et en abondance, la graine de lin, et, suivant les années, la graine de chanvre, quelquefois des noix lorsqu'elles sont communes; enfin la navette sauvage ou taguite des marais. La graine de lin se tire des environs de Bécherel, de Dinan, de Lambale, de Saint-Brieuc, et des marais de Dol; si on en désirait une très-grande quantité, on s'en procurerait facilement de Morlaix par mer : elle y est abondante. La plus pesante est la meilleure, c'est pourquoi on préfère beaucoup celle d'hiver à celle d'été. Son huile, qui est au nombre des dessiccatifs, est estimée et de grand débit; ses gâteaux ou résidus sont les meilleurs pour les bestiaux qu'ils engraissent beaucoup : ils se vendent toujours bien, et ne fussent-ils que le seul bénéfice, il serait suffisant sur une grande fabrication.

La graine de chanvre fournit aussi une huile dessiccative, mais en petite quantité, et qui se vend moins bien parce qu'elle est d'une couleur verte foncée; ses gâteaux sont aussi moins recherchés pour les bestiaux et se vendent à plus bas prix : c'est pourquoi le fabricant ne pile de chanvre que lorsqu'il est à bon compte, ne pouvant, sans perte, le payer plus de 5 francs le cent, tandis qu'il peut porter le prix du lin, en suivant le cours des huiles, au prix du colza.

On distingue les huiles en dessicatives ou propres à la peinture, parce qu'elles se dessèchent facilement, et en huiles grasses. Les huiles de lin, d'œillette, de chanvre, de noix, sont des huiles dessiccatives; celles de colza, de rabette, de faînes, sont des huiles grasses qui se dessèchent avec difficulté, et que les peintres rebutent pour cette cause. Lorsque la dernière est faite avec soin et propreté, elle est bonne à manger, et ressemble même assez à l'huile d'olive. On mange également en Flandre, celles d'œillette et de colza ; les unes et les autres se vendent également bien, parce que les huiles grasses sont particulièrement propres aux lainages, aux cuirs, aux savons : depuis long-temps on les mêle, avec beaucoup de succès, aux huiles de poisson dans les tanneries ; elles font, dit-on, moins pesant (c'est le terme), mais elles donnent du lustre aux cuirs. Les huiles dessiccatives s'emploient, comme nous l'avons dit, pour les peintures ; toutes sont bonnes à brûler, et, d'après le système d'éclairage adopté presque partout, on en fait une si grande consommation, outre celle des fabriques de savon, que le fabricant et le cultivateur doivent bannir toute crainte de défaut de vente et d'engorgement qui n'est pas présumable.

Telles sont les idées que je puis donner le plus en abrégé possible, tant sur la culture du colza que sur la fabrication qui naturellement doit la suivre. L'une et l'autre demanderaient encore, sans doute, des détails infiniment plus circonstanciés ; mais ce n'est pas un traité d'agriculture et de fabrication que je me suis proposé d'écrire, ce qui eût été au-dessus de mes forces, c'est seulement un léger aperçu sur le tout, ou plutôt l'exposé des résultats de mon expérience. Si, comme tout me porte à le croire, dans un arrondissement où tant d'hommes industrieux s'occupent du bien de leur pays, des expériences sont renouvelées, j'espère que leurs résultats heureux donneront lieu à ce qu'une meilleure plume nous les communique et nous instruise ; pour moi, en soumettant à mes concitoyens ce petit essai, j'ai a reclamer leur indulgence, et je dois avoir l'espoir qu'ils rendront justice au motif qui m'a guidé.

D'autres, à leur tour, nous indiqueront successivement les moyens de développer les germes de prospérité que notre pays renferme encore. En industrie agricole ou manufacturière, tout n'est pas dit, tout n'est pas fait; il suffit, pour s'en convaincre, de parcourir la Bretagne, et même notre arrondissement en particulier.

Si notre sol n'est pas généralement le meilleur, si, dans la plus grande partie de la province, il est même trop malheureusement au-dessous du médiocre, il n'en est pourtant pas moins susceptible de recevoir un genre d'amélioration quelconque. Ici, ce sont des landes que l'on peut couvrir de bois, et pour cela se font avec facilité des semis de hêtres et de pins; là, des marais que l'on peut dessécher. Dans une partie, des troupeaux que l'on peut multiplier; dans une autre, des prairies naturelles qu'avec un peu de soin on peut rendre meilleures; ailleurs en établir d'artificielles, qui nous permettent d'accroître le nombre de nos bestiaux, d'en améliorer les races, et de multiplier les engrais qui nous manquent presque par-tout. Ici, avec quelques recherches, on parviendra à découvrir les moyens d'en faire de nouveaux et d'inconnus; là, où le sol est plus fertile, où les engrais marins abondent, en perfectionnant notre culture, nous doublerons les produits. Mais ce n'est pas tout; car l'agriculture, chez nous, ne présente à l'industrie que la moitié du vaste champ qu'elle doit parcourir; l'industrie manufacturière doit suivre l'industrie productive. Que de sites, à chaque pas, nous invitent à fabriquer nos fers, nos laines et nos chanvres après les avoir multipliés; à consommer nos bois si abondants et de si peu de valeur aujourd'hui. Pour moi, je l'avoue, je ne puis voir un troupeau sans regretter que sa toison aille se convertir en étoffe loin du sol qui l'a nourri. Je ne vois pas les outils de nos charpentiers, de nos menuisiers, de nos charrons, sans penser à Birmingham et à Solinguen, aux aciers que nous tirons du dehors et que nous pourrions imiter. Je n'ai pas vu d'ancres à nos vaisseaux, sans songer qu'on les pourrait faire avec nos fers, près de nos ports, tout aussi bien que dans les forêts du Nivernais; ni, sans regret, dans nos corderies, des chanvres étrangers, que pourraient remplacer entièrement les nôtres, si l'on étendait cette culture. Ici, des varechs qui nous fourniraient des soudes et des potasses précieuses et abondantes; là, des terres qui feraient ces porcelaines ou ces grais que nous faisons venir à si grands frais, et que nous pourrions vendre nous-mêmes. Enfin, par-tout des ports qui nous offrent les moyens de nous défaire de notre surabondance, ou du fruit de nos travaux.

Matières premières, population nombreuse, havres sûrs, nous pourrions tout réunir, et la Bretagne, par sa position géographique, est placée pour être à la fois le modèle de l'industrie et l'entrepôt des deux mondes. Combien de fois, en considérant cette heureuse position, ai-je jeté un coup d'œil sur la Hollande, que ses enfans, vainqueurs de tous les obstacles, ont pour ainsi dire élevée du sein de la mer, en me disant : Ce pays, si riche, n'a pas toujours été tel; les hommes l'ont fait ce qu'il est presqu'en dépit de la nature; et, pour acquérir sa richesse, il a commencé par cultiver et pêcher. Ah, si le quart de ces travaux étaient faits dans ma patrie, combien plus ils y seraient fructueux !

Mais il faut pour cela, je le sais, du temps, du calme et des capitaux : le temps est devant nous, le calme nous est rendu, et rien n'est plus propre à l'entretenir, comme à bannir le reste de nos fatales divisions, que les paisibles occupations de l'agriculture ; nos capitaux peu considérables nous suffisent, lorsque ceux qui les possèdent seront convaincus, par une heureuse expérience, qu'ils les peuvent employer avec plus de fruit, sous leurs yeux, et sur le sol natal, que par des placements éloignées et hasardeux (*). Une jeunesse plus riche d'instruction que de fortune, dont aujourd'hui le seul espoir se fonde sur l'obtention de quelqu'emploi public, et qui se consume à le solliciter sans réfléchir qu'il n'est pas donné à tous de parvenir, qu'un Etat ne peut être composé seulement d'hommes en place et de financiers, trouvera le moyen d'utiliser ses talens.

L'abondance qui suit le travail fera insensiblement disparaître de nos villes et de nos campagnes les tristes livrées de l'indigence, que l'on y rencontre à chaque pas ; et les compatriotes de Dugay-Trouin transporteront avec fierté les productions de son pays aux rivages de Rio-Janéiro.

(*) Je n'entends point parler ici des expéditions de mer qui ont été si avantageuses à notre pays ; mais bien des placements de tous genres sur la capitale.

FIN.

www.ingramcontent.com/pod-product-compliance
Ingram Content Group UK Ltd.
Pitfield, Milton Keynes, MK11 3LW, UK
UKHW021144230726
13926UKWH00002B/916